华北区域气候变化评估报告：2020

决策者摘要

《华北区域气候变化评估报告：2020》编写委员会　编

气象出版社
China Meteorological Press

图书在版编目(CIP)数据

华北区域气候变化评估报告：2020 决策者摘要 /《华北区域气候变化评估报告：2020》编写委员会编. — 北京：气象出版社，2021.7

ISBN 978-7-5029-7441-1

Ⅰ.①华… Ⅱ.①华… Ⅲ.①气候变化-研究报告-华北地区 Ⅳ.①P468.22

中国版本图书馆 CIP 数据核字(2021)第 087123 号

华北区域气候变化评估报告:2020 决策者摘要

Huabei Quyu Qihou Bianhua Pinggu Baogao:2020 Juecezhe Zhaiyao

---

出版发行：气象出版社

地　　址：北京市海淀区中关村南大街 46 号　　**邮政编码**：100081

电　　话：010-68407112(总编室)　010-68408042(发行部)

网　　址：http://www.qxcbs.com　　**E-mail**：qxcbs@cma.gov.cn

责任编辑：隋珂珂　　**终　　审**：吴晓鹏

责任校对：张硕杰　　**责任技编**：赵相宁

封面设计：艺点设计

印　　刷：北京建宏印刷有限公司

开　　本：889 mm×1194 mm　1/16　　**印　　张**：2

字　　数：45 千字

版　　次：2021 年 7 月第 1 版　　**印　　次**：2021 年 7 月第 1 次印刷

定　　价：30.00 元

主要作者

杜吴鹏　北京市气象局

曹经福　天津市气象局

刘咪咪　河北省气象局

张冬峰　山西省气象局

白美兰　内蒙古自治区气象局

邢　佩　北京市气象局

杨若子　北京市气象局

轩春怡　北京市气象局

党　冰　北京市气象局

熊飞麟　北京市气象局

李明财　天津市气象局

井元元　河北省气象局

刘月丽　山西省气象局

赵艳丽　内蒙古自治区气象局

房小怡　中国气象科学研究院

程　宸　中国气象科学研究院

刘勇洪　中国气象科学研究院

施洪波　北京市气象局

刘海涛　北京市气象局

杨艳娟　天津市气象局

张　婧　河北省气象局

陈　颖　山西省气象局

孟玉婧　内蒙古自治区气象局

评审专家

序　言

当前全球气候系统正经历着以变暖为主要特征的显著变化，气候风险持续上升，对全球经济社会发展造成深远影响。同时，世界百年未有之大变局正进入加速演变期，全球性挑战日益上升，气候治理进程更加复杂。中国人口众多，气候条件复杂，生态环境脆弱，极易受到气候变化的不利影响。中国政府高度重视应对气候变化工作，采取强有力的政策措施，在有效控制温室气体排放、增强适应气候变化能力等领域取得了积极成效。2020 年 9 月 22 日，习近平主席在第 75 届联合国大会一般性辩论上提出“中国将提高国家自主贡献力度，采取更加有力的政策和措施，二氧化碳排放力争 2030 年前达到峰值，努力争取 2060 年前实现碳中和”，更加坚定了中国走绿色低碳道路的信心和决心。

科学评估并准确辨识气候变化及其影响，是应对气候变化工作的基础。中国气象局作为基础性科技部门，先后两次组织开展了区域气候变化评估报告编制工作。第二次区域气候变化评估工作于 2017 年启动，覆盖华北、东北、华东、华中、华南、西南、西北和新疆八个区域，力求在区域层面更加详尽地反映国内气候变化最新研究进展，提升区域应对气候变化科技支撑能力。

华北区域自北向南跨越寒温带、中温带和暖温带，有城市群、平原、山地、高原、草原和荒漠等，气候条件和经济发展水平差异大，是我国典型的人口与资源、环境矛盾突出的区域，“十四五”期间，华北区域面临着京津冀协同发展国家战略实施以及资源型经济转型发展、绿色发展等重要战略机遇。华北区域同时也是气候变化影响的敏感区和脆弱区，特别是城市群和草原生态脆弱区更易受到高温热浪、强降水、洪涝和干旱灾害的直接威胁，城市发展与节能减排、生态保护与适应气候变化等面临更大挑战。

在北京市、天津市、河北省、山西省和内蒙古自治区气象部门科技人员的共同努力下，历时三年完成的《华北区域气候变化评估报告：2020　决策者摘要》即将付梓出版。决策者摘要分析了华北区域气候变化的基本事实和未来趋势，评估了气候变化对京津冀城市群、华北草原生态及城市运行和建筑能耗的影响，提出了应对策略和措施选择，以期为促进区域经济社会可持续发展，切实发挥气象部门保障作用。在此，我将本决策者摘要推荐给各级政府决策部门、科技人员以及关心区域气候与环境问题的广大读者，并向为决策者摘要出版作出贡献的科技人员表示衷心感谢！

中国气象局党组书记、局长　庄国泰

2021年1月

目　录

序言
1　引言 …… (1)
1.1　意义、范围和结构 …… (1)
1.2　资料和方法 …… (1)
2　气候变化观测事实 …… (3)
2.1　基本气候要素变化 …… (3)
2.2　极端天气气候事件变化 …… (4)
3　未来气候变化和风险 …… (6)
3.1　未来气候变化趋势 …… (6)
3.2　未来极端天气气候事件变化 …… (8)
4　气候变化对京津冀城市群的影响 …… (10)
4.1　影响和风险 …… (10)
4.2　应对策略和措施选择 …… (13)
5　气候变化对草原生态的影响 …… (14)
5.1　影响和风险 …… (14)
5.2　应对策略和措施选择 …… (16)
6　气候变化对城市运行及建筑能耗的影响 …… (17)
6.1　影响和风险 …… (17)
6.2　应对策略和措施选择 …… (19)
附录　重要概念 …… (21)
致谢 …… (22)

1 引 言

1.1 意义、范围和结构

在全球气候变化背景下，区域高温、暴雨等极端天气气候事件频发，气候灾害和气候安全问题突出。联合国政府间气候变化专门委员会(Intergovernmental Panel on Climate Change, IPCC)和中国政府组织开展了多次全球和国家尺度上的气候变化评估，但在区域尺度上，仍需针对关键脆弱区开展气候变化特征分析以及影响、脆弱性、适应评估，这是区域气候变化研究和应对的当务之急，也是区域内各级政府制定可持续发展政策的迫切需求。

华北区域为我国典型的气候脆弱区，也是人口与资源、环境矛盾较为突出的区域。华北区域气候中心于 2012 年组织完成了第一次区域气候变化评估报告编制，为气候变化应对提供了坚实的研究基础和科技支撑。当前国家正在大力实施京津冀协同发展战略，随着京津冀城市群的进一步发展、北京市城市总体规划的实施、雄安新区的规划建设、山西省资源型经济转型发展、内蒙古绿色发展以及北京冬奥会的举办，该区域对气候变化的敏感性越发凸显，同时也对区域气候变化评估有了新的需求。

在中国气象局的统一部署下，自 2017 年底启动《华北区域气候变化评估报告：2020》(以下简称《报告》)的编写工作，涉及的地理范围包括北京市、天津市、河北省、山西省和内蒙古自治区。《华北区域气候变化评估报告：2020　决策者摘要》(以下简称《决策者摘要》，SPM)是对《报告》结论的高度概括精练。《决策者摘要》共分 6 章，第 1～3 章主要根据观测资料和气候预估资料开展气候变化观测事实分析和未来气候变化及风险预估；第 4～6 章主要采用文献评估的方法针对京津冀城市群规划建设、草原生态以及城市运行和建筑能耗等特色行业开展气候变化影响评估，并提出了适应气候变化的应对策略和措施选择。段落后“{ }”中的内容分别表示详细内容在《报告》中的章节出处，本《决策者摘要》中的图表序号。

1.2 资料和方法

(1)资料

①华北区域 94 个国家气象站 1961—2017 年的均一化气象数据；

②国家气候中心提供的1980年1月—2098年12月区域气候模式（RegCM4.4）RCP4.5和RCP8.5两种情景模拟和预估结果，其中，1986—2005年为基准期，2020—2035年代表近期，2046—2065年代表中期，2081—2100年代表远期；

③国家气候中心依据IPCC发布的5种共享社会经济路径（SSPs）构建的2010—2100年中国区域高分辨率（0.5°×0.5°）人口和国民生产总值格网数据；

④涉及华北区域气候变化事实和影响评估方面的文献300余篇；

⑤如无特别说明，《决策者摘要》中涉及的距平指相对于1981—2010年平均值的差值；未来气候变化和风险预估中的距平是相对于1986—2005年基准期平均值的差值。

（2）分析方法

①采用气候资料序列均一性检验与订正方法，以消除站点迁移影响；

②采用极值法和百分位法确定极端气候事件指标；

③采用统计方法分析基本气候要素、极端气候事件的时空变化趋势和变化程度；

④采用区域气候模式（RegCM4.4）对未来气温、降水和极端气候事件变化进行降尺度预估；采用SSP2和SSP5两种情景下的人口和国民生产总值数据作为承灾体易损度指标，结合致灾危险度预估未来气候灾害风险；

⑤采用文献调研、文献评估等方法开展气候变化对城市规划建设、草原生态、城市运行和建筑能耗的影响分析。

专栏1：不确定性和信度说明

在气候变化研究和评估过程中，不确定性的表述方式一般归纳为两类，第一类是半定量或定性表述，即基于多源数据或结论，给出对应于评估结果及其可靠性的判断；第二类是采用量化指标进行定量表述，即除了给出估算的数值外，还给出利用统计方法计算得到的该数值的置信区间，其中置信区间体现着该数值的不确定性。

参考IPCC第五次评估报告和相关研究，本报告对不确定性的表述主要采用第一类方法，即基于证据的类型、数量、质量和一致性（如对机理的认识、理论、数据、模式、专家判断），以及反映学术界共识的程度，以高信度、中等信度、低信度表示评估结论的可靠性。

2

气候变化观测事实

2.1 基本气候要素变化

气温显著升高，日较差和年较差减小，冬季升温趋势最明显，内蒙古中西部、东北部和河北东部升温幅度较大（高信度）。1961—2017 年华北区域年平均气温以 0.33 ℃/10 年的速率上升，明显高于同期全国和全球平均升温幅度。最低气温升温速率（0.45 ℃/10 年）高于最高气温升温速率（0.27 ℃/10 年），气温日较差和年较差分别以 0.18 ℃/10 年和 0.11 ℃/10 年的速率减小。增温主要从 20 世纪 70 年代开始，各地最暖年份均出现在 20 世纪 90 年代末以后。从季节变化看，冬季平均气温上升趋势最明显（0.45 ℃/10 年），春季次之（0.38 ℃/10 年），夏季最小（0.23 ℃/10 年）。空间上，内蒙古中西部和东北部以及河北省东部部分地区升温最为明显，超过 0.40 ℃/10 年（高信度）。{2.1.1，图 SPM.1}

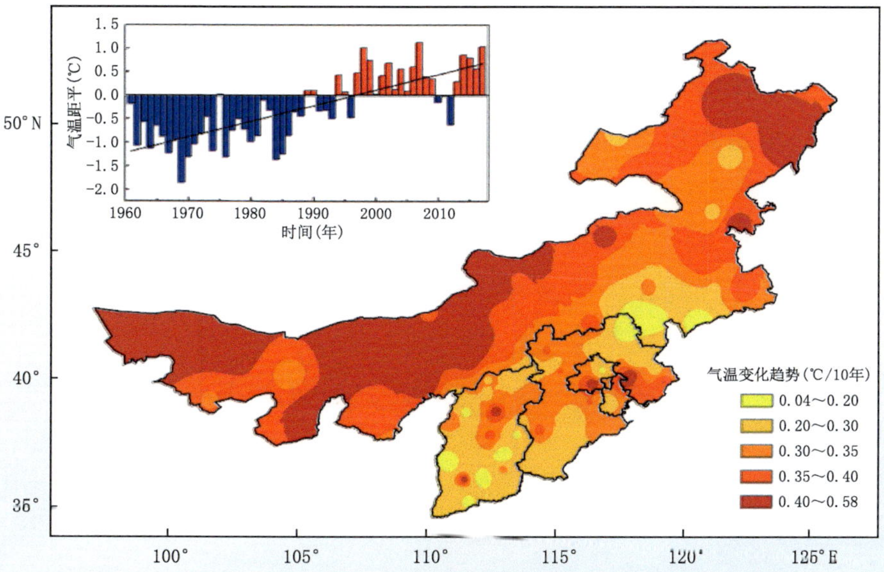

图 SPM.1　1961—2017 年华北区域年平均气温距平变化和变化趋势空间分布

降水日数和降水量略有减少，降水量变化空间差异大（高信度）；华北雨季长度有缩短趋势（高信度）；降雪日数显著减少，积雪日数略下降（高信度）。1961—2017 年，华北区域年降水量以 3.2 毫米/10 年的速率下降，其中夏季降水量的下降趋势为 7.0 毫米/10 年，其他季节略增加。1999年之前降水量偏多，21世纪最初10年降水量偏少，2011年后又有增多趋势。河北东南部降水量减少趋势最明显，华北中西部和东北部略有增加，其他大部分区域降水量变化不明显。小雨日数以1.7天/10年的速率减少，减少趋势最明显的区域主要集中于北京、天津、河北、山西和内蒙古东北部。华北雨季开始日期呈延后变化趋势，雨季长度变短（1.7天/10年），雨季降水量减少（8.2毫米/10年）。降雪日数减少（2.2天/10年），减少最明显区域集中于内蒙古东北部和中部；积雪日数略减少（1.0天/10年）（高信度）。{2.1.2，2.2.6，图SPM.2}

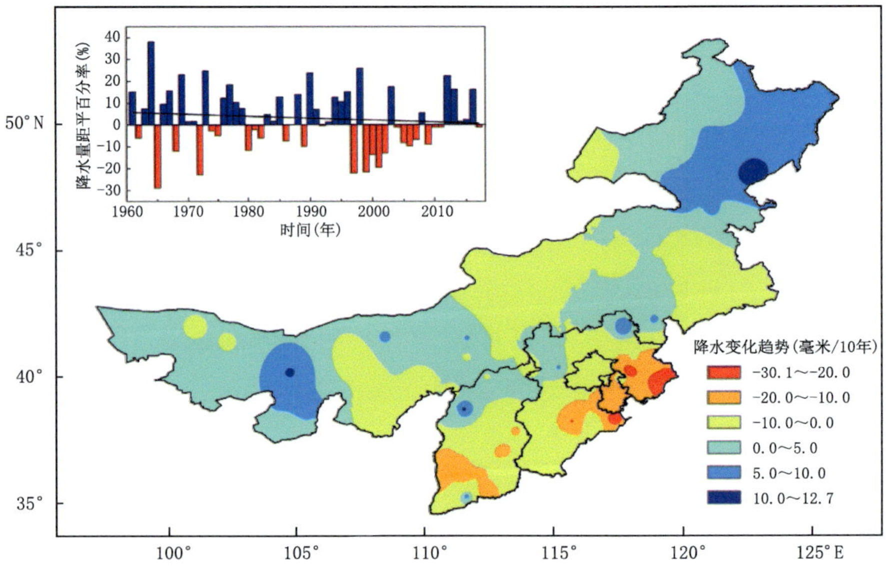

图SPM.2　1961—2017年华北区域年降水量距平百分率变化和变化趋势空间分布

风速和日照时数明显减小，相对湿度变化不明显（高信度）；黄河内蒙古段流凌期和封河期推迟，开河期提前，封冻期缩短（高信度）。1961—2017年华北区域年平均风速以每10年0.16米/秒的速率显著减小，春季减小趋势最明显，减小速率达到每10年0.21米/秒，冬季次之，减小速率为每10年0.19米/秒，夏季减小趋势最弱，减小速率为每10年0.11米/秒；平均风速自20世纪80年代初期开始减小，至21世纪初趋于稳定。日照时数以48.4小时/10年的速率减少；相对湿度变化不明显（－0.33%/10年）。1981—2017年，黄河内蒙古段巴彦高勒水文站流凌日期与封河日期分别以3.0天/10年和5.0天/10年的趋势延后，三湖河口站流凌日期与封河日期分别以3.0天/10年和1.0天/10年的趋势延后，两站开河日期均以3.0天/10年的趋势提前，黄河内蒙古段封冻天数明显缩短（高信度）。{2.1.3}

2.2　极端天气气候事件变化

高温和热浪日数显著增加，高温初日提前、终日延后（高信度）；极端最低气温显著升高，寒潮频次和霜冻日数明显减少（高信度）。1961—2017年华北区域高温和热浪日数分别以每10年0.41天和0.44天的速率呈增加趋势，华北西部和南部的高温和热浪日数最多。高温初日整体提前(0.4 天/10 年),高温终日以 1.7 天/10 年的速率推迟。年极端最低气温显著升高(0.53 ℃/10 年),冷夜日数以 4.7 天/10 年速率显著减少,暖夜日数显著增加(3.8 天/10 年)。寒潮频次和霜冻日数分别以 0.5 次/10 年和 3.5 天/10 年的速率减少,其中 20 世纪 80 年代之后减少趋势最为明显(高信度)。{2.2.1,2.2.2}

极端降水量总体略下降,但 2011 年后极端降水强度波动增大,极端降水量有增加趋势(中等信度)。1961—2017 年华北区域极端降水量、降水日数和降水强度弱下降,其中极端降水量减少速率为 2.4 毫米/10 年,2011 年后升高并伴随极端降水强度波动增加(中等信度)。1961—2017 年华北区域暴雨和大暴雨日数及暴雨和大暴雨对总降水量的贡献率变化不明显或弱减少(中等信度)。{2.2.3,2.2.4}

沙尘天气日数明显减少,大气环境容量显著降低,持续性霾日数有所增加,城市热岛强度日趋增强(高信度)。1961—2017 年华北区域沙尘天气日数以 4.8 天/10 年的速率明显下降,20 世纪 70 年代最多,2011—2017 年最少。大气环境容量显著减小,20 世纪 60—70 年代相对较高,80 和 90 年代大幅下降,21 世纪 10 年代降至 1961 年以来最低。京津冀地区 1981—2017 年非持续性霾日数变化不明显,但持续性霾日数及其所占百分率则呈显著增加趋势,持续性霾日数的增加是总的霾天气日数增加的主要原因。随着城市化发展,城市热岛强度持续增强,北京、天津和石家庄城市热岛强度分别以 0.27 ℃/10 年、0.13 ℃/10 年和 0.12 ℃/10 年的速率上升(高信度)。{2.2.8,2.2.9,2.2.10}

3

未来气候变化和风险

3.1 未来气候变化趋势

气温将继续显著升高(高信度);降水总体呈增加趋势,但年际振荡大(中等信度)。基于区域气候模式 RegCM4.4 对两种典型浓度路径下气候变化模拟和预估结果,未来华北区域气温呈显著的一致性升高趋势(高信度);中等排放和高排放情景下,未来年均气温分别以 0.39 ℃/10 年和 0.63 ℃/10 年速率升高;年降水量总体增加,但年际波动增强,中等排放和高排放情景下降水量分别以每 10 年 1.5%和 2.5%的速率增加(中等信度)。{3.1.3,图 SPM.3}

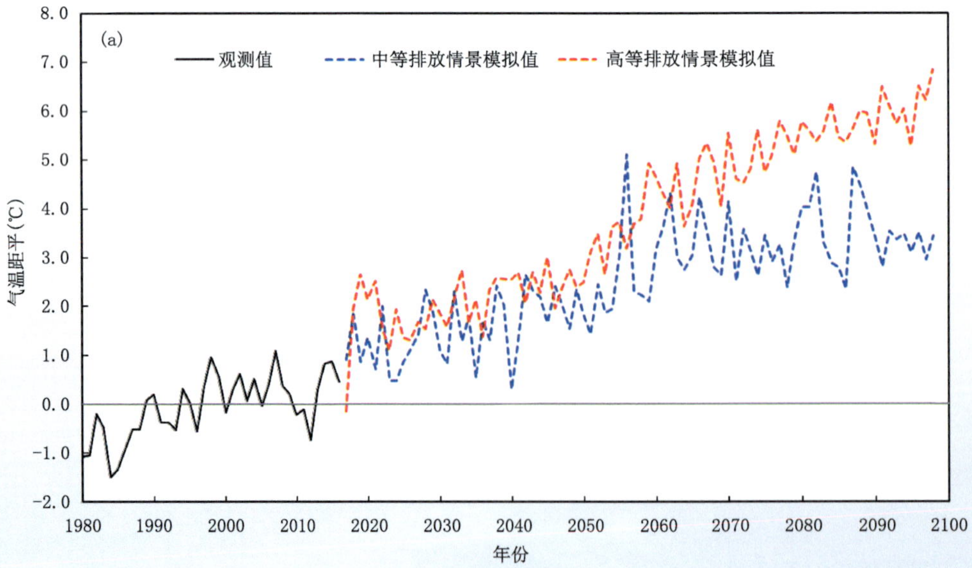

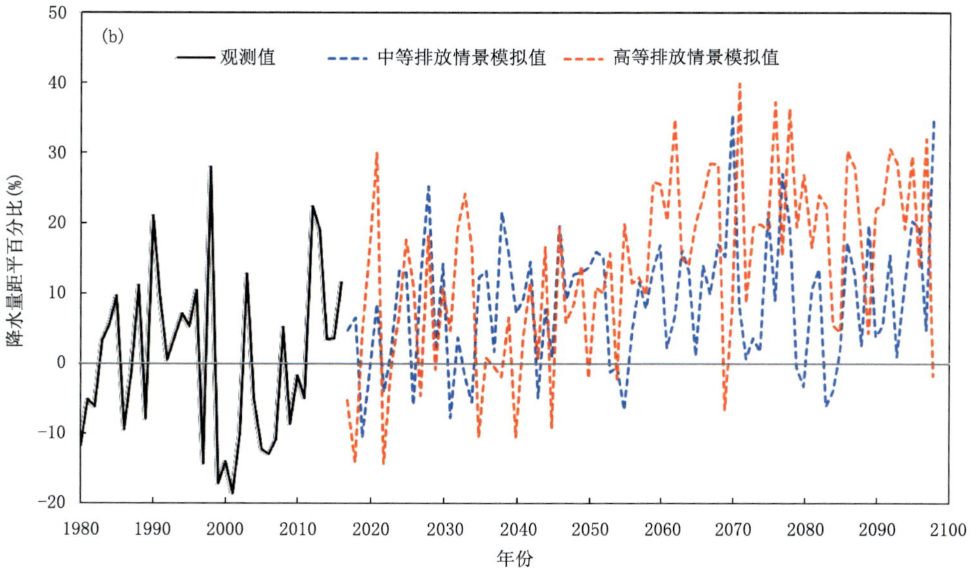

图 SPM.3　RegCM4.4 预估的华北区域年平均气温(a)和降水(b)变化

专栏 2:排放情景和气候模式说明

1.排放情景

利用气候模式预估未来全球和区域气候变化,需要基于对未来温室气体、气溶胶和化学活性气体的浓度以及土地利用/土地覆盖状况的估算,即排放情景。排放情景源于一系列对未来全球经济社会发展路径的假设,涵盖人口增长、经济发展、技术进步、环境变化、全球化、公平原则等方面。典型浓度情景(RCP)即由多种未来发展路径构建的排放情景系列之一,其中 RCP2.6 代表低排放情景——有三分之二可能性将 21 世纪末全球变暖控制在 2.0 ℃以内(与工业化前相比,下同);RCP8.5 代表高排放情景——全球不采取任何应对气候变化政策措施,从而导致大气中温室气体浓度持续大幅增长,到 21 世纪末全球变暖程度可能达到 3.2～5.4 ℃;RCP4.5 和 RCP6.0 代表中等排放情景,对应于中等温室气体排放,到 21 世纪末全球变暖程度分别为 1.7～3.2 ℃和 2.0～3.7 ℃。本次评估主要采用 RCP4.5 和 RCP8.5 两种排放情景。

2.气候模式

根据基本的物理定律,确定能够反映气候系统中各个分量演变特征的数学方程组,并将其在计算机上实现程序化后,就构成了气候模式。气候模式可以用来描述气候系统、系统内部各个组成部分及各个部分之间、各个部分内部子系统之间复杂的相互作用,已经成为认识气候系统行为和预估未来气候变化的定量化研究工具。

3. 共享社会经济路径（SSPs）

SSPs 反映了不同发展路径的选取对社会经济的影响，可以动态描述气候变化影响、适应和减缓的综合联系。SSP1 是一个实现可持续发展、气候变化挑战较低的路径。SSP2 是中间路径，面临中等气候变化挑战。SSP3 是区域竞争路径，面临高的气候变化挑战。SSP4 是不均衡路径，以适应气候变化挑战为主。SSP5 是一个以传统化石燃料为主的发展路径，以减缓气候变化挑战为主。

气温增加趋势“由南向北”递增，近期、中期和远期气温升高幅度逐渐加大（中等信度）；降水量变化空间差异大，不确定性较高（低信度）。气温增幅在空间上由南向北阶梯状升高，内蒙古东北部和西部是两个较明显的增温高值区；中等排放情景下，相对于 1986—2005 年基准期，华北区域近期年平均增温幅度可达 1.2 ℃，中期可达 2.6 ℃，21 世纪末可增温 3.5 ℃；高排放情景下增温幅度会更大（中等信度）。降水的空间差异性和年际变化大，近期除内蒙古东部外华北大部分区域降水增加的可能性较大，中期整体上仍呈增加趋势，相对于基准期华北中部降水量增幅可能达 10%～25%；远期同样以增加为主，特别是华北西部、中部和东北部部分地区，降水量可能增加 25%～50%（低信度）。{3.1.3}

3.2 未来极端天气气候事件变化

高温中心位于内蒙古西部和河北中南部，高温日数和强度逐渐增加（中等信度）；极端强降水中心位于华北南部（中等信度）；最长连续无雨日数减少，但干旱预估存在较大不确定性（低信度）。华北区域年高温日数（日最高气温≥35 ℃的天数）呈明显增加趋势，高温日数大值区范围逐渐扩大，高排放情景下高温范围明显大于中等排放情景，在空间上，内蒙古西部和河北中南部为最强的高温中心。未来极端强降水中心主要位于北京、天津、山西南部、河北东部和南部，其强度随时间有所增强（中等信度）。最长连续无雨日数呈现由西向东向南逐渐减少的分布特征，高值区主要位于内蒙古西部，远期年均最长连续无雨日数少于近期和中期，但受降水量、气温、蒸发等其他多因素影响，未来干旱趋势变化存在较大不确定性（低信度）。{3.2.2}

高温灾害和洪涝灾害风险逐渐增强，其中京津冀为高风险区（中等信度）。考虑人口变化和社会经济发展，未来华北区域高排放情景下的气候灾害风险大于中等排放情景。相较于基准期，高温灾害高风险区主要集中于北京、天津和河北中南部，从近期到远期高温灾害风险逐渐增高，高风险区面积逐渐增大。未来不同时段洪涝灾害风险增加区域同样主要位于华北南部的北京、天津、河北中南部、山西中南部（中等信度），与基准期相比，中期洪涝灾害高风险区范围最大（低信度）。{3.2.3，图 SPM. 4}

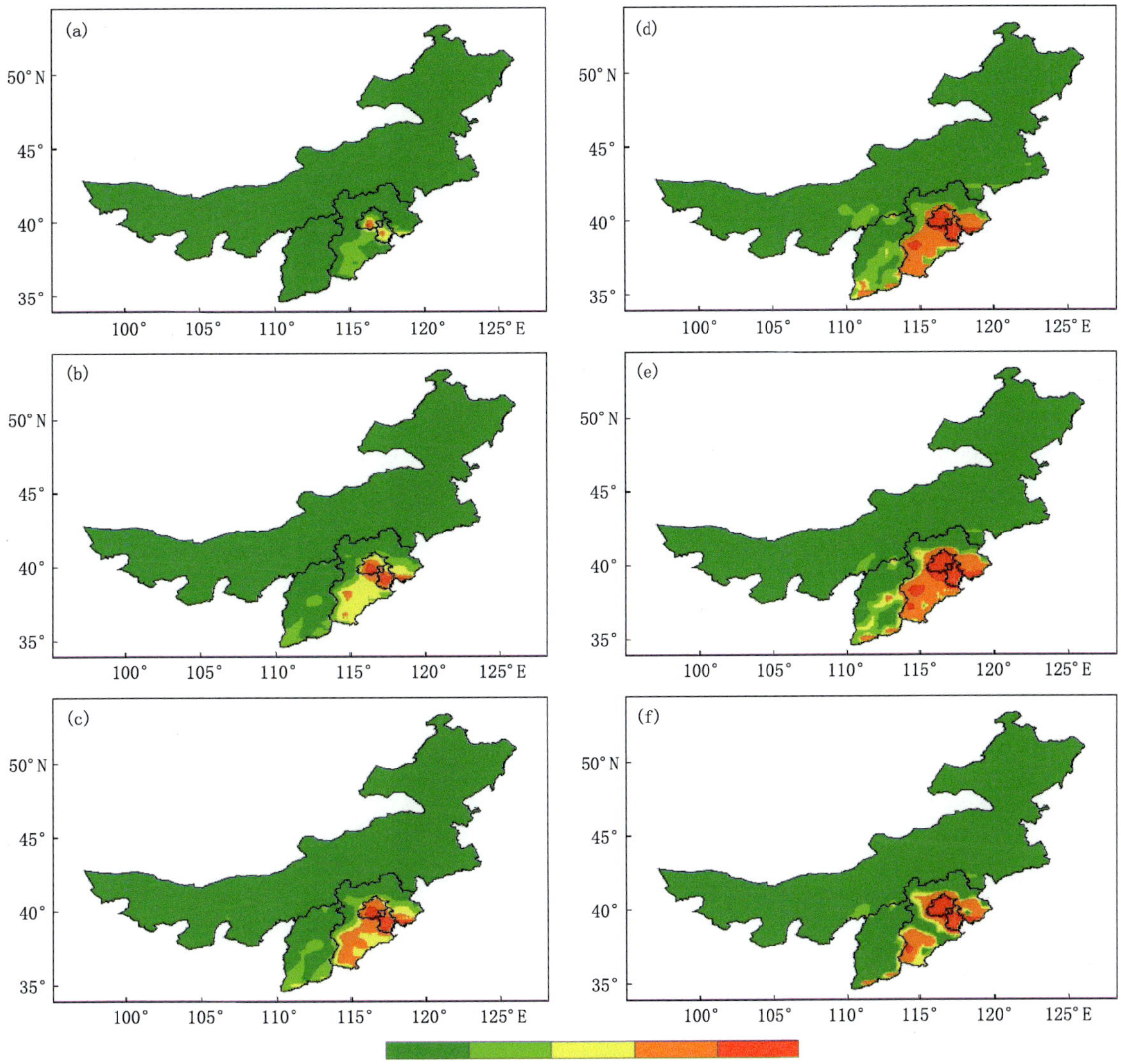

图 SPM. 4　中等排放情景下未来华北区域高温灾害风险和洪涝灾害风险变化预估

(a:近期高温灾害风险;b:中期高温灾害风险;c:远期高温灾害风险;d:近期洪涝灾害风险;e:中期洪涝灾害风险;f:远期洪涝灾害风险)(Ⅰ~Ⅴ表示灾害风险相对变化,Ⅰ表示变化很小,Ⅱ和Ⅲ表示略有增加,Ⅳ和Ⅴ表示明显增加)

4 气候变化对京津冀城市群的影响

京津冀城市群为我国三大城市群之一，也是华北地区的核心区域，自改革开放以来区域城镇化进入快速发展阶段，城市规模不断扩大，气候环境问题日益突出，气候变化与京津冀城市群规划和建设之间存在着相互影响、相互制约的关系。当前，国家正在大力实施京津冀协同发展战略，提出要以疏解北京非首都功能为核心，调整区域经济结构和空间结构，持续推动京津冀协同发展。要实现上述目标，需将城市群规划建设与减缓和适应气候变化紧密结合，统筹兼顾当地气候环境，充分考虑气候承载力，建设适应气候的城市形态和格局。

4.1 影响和风险

京津冀城市群极端气候事件和气候灾害日益增多，大气扩散能力显著下降，津冀沿海海平面上升趋势明显(高信度)。{4.2}

京津冀城市群极端气候事件发生频率持续增加，影响城市规划建设和运行(高信度)。极端高温与城市热岛叠加，进一步加剧了城市高温灾害的影响范围和影响程度，导致城市供电、供水紧张，路面结构易受损，火灾发生率升高。极端强降水易引发城市内涝，造成排水困难、道路积水、交通瘫痪、出行不便等问题。极端干旱使河流湖泊和地下水位下降、水库蓄水量显著减少，引发水资源匮乏，1999—2011 年北京地区连续干旱造成地下水天然补给量和地表水可用水量逐渐减少，地下水位下降 9～30 米。同时，气候变化及其直接和间接效应也会对京津冀、北京和雄安等区域发展决策和规划实施产生一定影响(高信度)。未来极端气候事件发生频率可能持续增加，不利影响将进一步加剧(中等信度)。{4.2.1}

气候条件向不利于大气污染扩散和大气环境改善的方向变化，利于雾、霾发生的气象条件呈增加趋势(高信度)。京津冀城市群 1981—2017 年持续性霾日数及其所占百分率呈显著增加趋势，2000 年以来京津冀城市群霾发生频次、持续时间和大气污染程度处于高峰时段，东亚季风的减弱为雾、霾天气发生提供了适宜的大气环流背景，弱季风年华北区域的 $PM_{2.5}$ 浓度可偏高 20.3%，京津冀在 2011—2016 年供暖季期间出现东南风的频率为 1961 年以来最高(高信度)。未来风速、气温、湿度和大气层结等气候条件的变化将有助于污染汇聚和二次污染物生成，一定程度增加大气污染发生概率和雾、霾出现风险(中等信度)。{4.2.2}

津冀沿海海平面上升，风暴潮致灾风险增加（高信度）。1980—2017 年渤海海平面上升趋势较强，上升速率达 3.4 毫米/年，2017 年渤海海平面较常年（1993—2011 年平均）偏高 42 毫米（高信度）；预计未来 30 年，天津沿海海平面将上升 80～180 毫米，河北海域海平面将上升 65～140 毫米（中等信度）。津冀沿海地区地势低平，极易受到海平面上升的直接和间接影响，是我国受海平面上升影响的主要脆弱区之一。IPCC 评估认为，天津是全球 20 个受海平面上升影响最脆弱的城市之一，天津沿海为高风险区；河北黄骅、丰南、乐亭、滦南等为中度风险区。海平面上升使沿海地区易受风暴潮和海水侵蚀影响，海岸防护工程和城市基础设施易遭受破坏，进而对沿海城市规划建设的政策措施和实施方案产生相应影响（高信度）。{4.2.3}

京津冀城市化加剧了城市热岛和城市弱风，城市干岛效应和雨岛效应明显（高信度）。{4.3}

京津冀城市群热岛效应凸显，城市热岛强度和范围随着城市规模和建设密度的加大不断增强（高信度）。随着城市化发展，京津冀城市群平均气温升高幅度受到明显影响，城市热岛强度变化与建设用地面积变化同步，受城市化影响较大的北京，1961—2017 年平均气温增幅（0.45 ℃/10 年）较华北区域平均气温增幅偏高 0.12 ℃/10 年。卫星遥感监测 1994—2014 年京津冀城市群地表热岛面积显著增加，2010—2014 年京津冀城市群地表热岛效应较严重以上的城市占 73%，北京、天津、唐山和石家庄排名前四，北京城六区地表热岛面积占比已增加至 77%，且热岛扩展方向与城市扩张方向高度一致；北京、天津热岛区的空间距离日趋缩小，未来地表热岛区存在连片可能。气象站观测的 1961—2017 年北京、天津和石家庄城市热岛强度分别以 0.27 ℃/10 年、0.13 ℃/10 年和 0.12 ℃/10 年的速率上升（高信度）。{4.3.1，图 SPM.5}

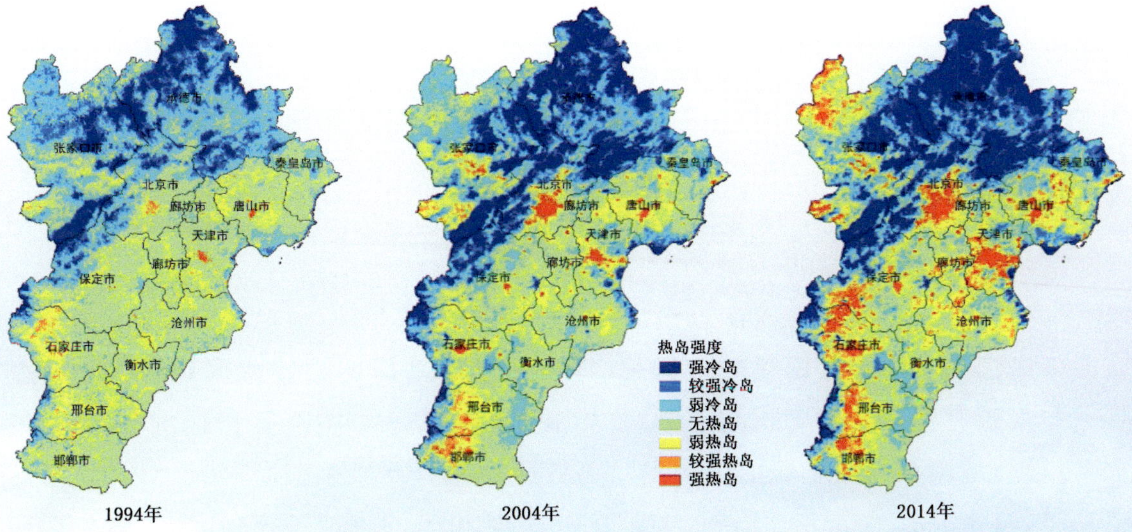

图 SPM.5　京津冀区域不同年代遥感反演的夏季白天城市地表热岛强度变化

城市地区平均风速减少趋势更为显著，存在明显的城市弱风区（高信度）。北京城市地区的风速比郊区偏低 20％～30％，中心城区存在明显的小风速带。石家庄城市化对平均风速下降的贡献率达到 86.0％，城乡平均风速差值以每 10 年 0.13 米/秒的趋势减小，城市化使得最大风速以每 10 年 0.84 米/秒降低，对最大风速下降的贡献率为 79.7％（高信度）。此外，北京、天津、石家庄等城市扩张方向和强度也影响到城市下风区域的各风向频率；未来随着城市建筑密度和高度的不断增加，城市化对风速的减小效应可能会进一步加大（中等信度）。{4.3.2，图 SPM.6}

京津冀城市群整体呈“暖干”变化趋势，湿度减小程度随着城市化率和城市扩展面积的增加而加大（高信度）。京津冀城市群水汽混合比明显减小，减小大值区与城市建成区高度重合，城市化程度越高，“城市干岛”越明显。京津冀城市群干区主要位于北京和天津城区范围，大城市与乡村水汽差值明显高于小城市与乡村，北京地区的乡村、水域和绿地相对湿度明显大于居民区和商业区。北京城市建成区面积 1949 年为 108.7 平方千米，2002 年为 1043.5 平方千米，2017 年达到 1446 平方千米。1961—2017 年北京城区相对湿度下降 6.2％，下降速度为每 10 年 1.2％，20 世纪 70 年代前城区相对湿度高于郊区，80 年代后城区相对湿度迅速减小，郊区相对湿度反超城区（高信度）。同时，北京、天津、石家庄等城市降水量的阶段减少会进一步加剧城市干岛效应（中等信度）。{4.3.3，图 SPM.6}

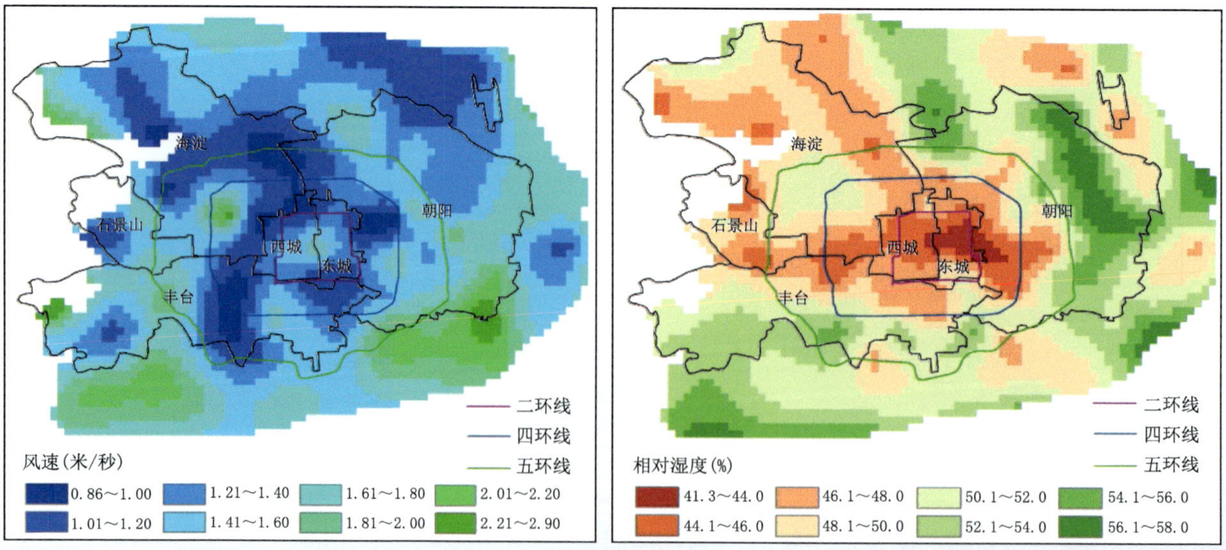

图 SPM.6　北京中心城及周边区域 2019 年平均风速（左）和相对湿度（右）空间分布

城市下风口和中心城区雨岛效应增强，城市化增加短历时强降水风险（中等信度）。城市化水平与短历时强降水显著正相关，城市化对局地强降水日数和降水强度有增加效应，城市化水平越高，城市下风口和中心城区的雨岛效应越强。北京、天津等特大城市的极端强降水概率高于乡村，北京城市区域小雨、中雨日数减少，但大雨和暴雨日数增多，与郊区相比，城区强降水对夏季总降水量的贡献增大；石家庄汛期降雨量城区比近郊高 4％～5％，降水量空间分布差异明显，以城区为中心向外递减，城区暴雨次数和暴雨降水量增加约 10％。

随着城市规模不断扩张、城市化水平不断提高，京津冀城市群未来面临的极端强降水风险会越来越大（中等信度）。{4.3.4，图 SPM.7}

气候变化对城市（群）规划建设的影响		
	变化趋势	影响风险
高温热浪	↑	▼ ⊕
强降水	↗	▼ ⊕
干旱	⇠⇢	◆ ⊖
大气扩散能力	↘	▼ ⊕
海平面	↑	▼ ⊕

城市（群）建设对气候变化的反馈				
	城市热岛	城市弱风	城市干岛	城市雨岛
城市格局	⊕	⊕	⊖	⊖
城市规模	⊕	⊕	⊖	⊖
城市管理与政策	⊕	⊕	⊖	⊖

图例

变化趋势	↑	明显增加	↗	一般增加	⇠⇢	不明显/不确定	↘	一般降低	↓	明显降低
可信度	（橙色）	高信度	（绿色）	中等信度	（蓝色）	低信度				
影响风险	▲	有利	▼	不利	◆	不确定				
影响程度	⊕	明显	⊖	一般	⊗	不明显				

图 SPM.7　气候变化与京津冀城市群规划建设相互影响综合示意图

4.2　应对策略和措施选择

加强气候变化风险普查、评估和研判。（1）开展京津冀城市群本底气候条件研究，强化气候承载力对城市规划建设的硬性约束；（2）推动气候变化风险评估融入京津冀国土空间规划和城乡规划建设全过程，提高城市（群）韧性；（3）积极推动气象灾害风险普查，开展精细化气候承载力和气候风险区划。

推动气候适应性城市建设。（1）加强城市化对气候变化的影响研究，提升生态城市规划建设微气候研究和应用的力度；（2）在京津城市热岛严重和连片区域，根据用地和气候条件科学布设不同形态和规模“绿色空间”；（3）提升绿色和灰色基础设施的恢复力，开展不同等级、不同规模且有不同侧重的气候恢复力城市建设。

持续动态监测和评估气候变化影响。（1）建立精细、客观和动态更新的气候变化风险评估和风险预警机制；（2）推动气候本底信息、气候变化风险信息充分融入城市规划建设信息平台，支撑城市群规划建设动态优化调整；（3）及时准确监测城市群风热雨洪各项指标的提升和衰退，实施气候环境智慧监测和动态评估。

5

气候变化对草原生态的影响

华北草原区位于我国北部边疆的干旱和半干旱区，地处欧亚大陆腹地，是中国北方温带草原的主体，草原类型丰富，从东至西分布着草甸草原、典型草原、荒漠草原、草原化荒漠和荒漠五大类地带性草地，不仅是我国传统的畜牧业生产基地，而且是重要绿色生态屏障，在调节气候、涵养水源、固碳减排以及防风固沙等方面发挥着极其重要的生态功能。由于其特殊的地理位置、多样化的气候条件以及复杂的自然环境，加上人类对自然资源的不合理开发利用，该地区对气候变化十分敏感，是我国典型的气候变化脆弱地带。

5.1 影响和风险

华北区域草原生态极为脆弱，对气候变化的敏感性较强，气候变化对华北草原生态产生正面和负面双重影响，但整体以负面影响为主(高信度)。{5.2}

受降水量减少和气温持续升高导致的干旱胁迫影响，草原净初级生产力整体下降，草原植被格局改变，草原生态总体呈退化趋势(高信度)。降水量是影响华北草原净初级生产力(Net Primary Productivity，NPP)、草原植被分布格局、植被群落结构等的最关键气象因子。1961年至21世纪初，草原净初级生产力总体下降，其中作为华北主要草原区草地的典型草原生产力有所上升，其中草甸草原和荒漠草原为增加趋势，典型草原总体仍呈下降趋势；从20世纪60年代以来的长期变化趋势看，1962—1991年草甸草原面积呈增加趋势，而20世纪90年代至2010年前后草甸草原面积减小，荒漠草原区和草原荒漠区面积明显增加，草原退化趋势明显；受降水增加影响，2010年后草原退化趋势有所减弱(高信度)。受气候变化综合影响，未来内蒙古草原区初级生产力整体波动下降，其中，草甸草原可能下降最为显著，荒漠草原下降不明显。(低信度)。{5.2.1,5.2.2,5.2.3,5.3.2}

温度和降水量是草原物候年际变化的重要影响因子，气候变暖导致华北草原生长期延长(高信度)。内蒙古不同草原物候期对气候变化响应的趋势基本一致，2004—2013年内蒙古主要草原类型区物候总体表现为返青期提前、黄枯期推迟、生长季延长，且生长季延长主要是由于黄枯期推后造成。其中，典型草原植物返青期平均提前4.0天，黄枯期推后10.4天，生长季延长14.4天；草甸草原返青期提前2.0天，黄枯期推后12.7天，生长季延长14.7

天；荒漠草原物候变化趋势最小，返青期平均提前 1.3 天，黄枯期平均推后 9.6 天，生长季延长 10.9 天(高信度)。{5.2.4}

降水量是限制牧草气候生产潜力的主要气候因子，受暖干化影响，华北草原气候生产潜力下降(中等信度)。1961—2016 年华北地区草甸草原和典型草原区气候生产潜力呈一致减少趋势，其中，草甸草原减少趋势最为明显，平均每 10 年减少 64.9 千克/公顷。由于 2010 年后降水量阶段性增加，2011—2016 年草原区气候生产潜力和草地载畜量有所提升(中等信度)。{5.2.5，图 SPM.8}

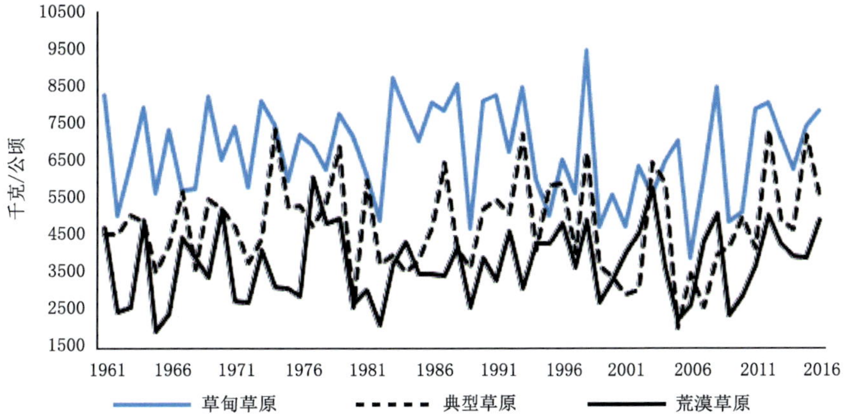

图 SPM.8　1961—2016 年内蒙古各草原区气候生产潜力变化(引自宋连春，2017)

内蒙古草原生态系统总体表现为碳汇，但并非稳定碳汇(中等信度)。2001—2012 年内蒙古大部分草原地区具有碳汇功能，年固碳率为 0.46×10^8 吨，12 年间内蒙古草原生态系统的净碳汇总量达到 5.57×10^8 吨，碳汇面积占草地总面积的 60.3%，碳源面积占总草地面积的 39.7%。气候变化和人类活动对区域内土壤和植被的影响，会导致草原生态系统碳源和碳汇发生改变，如荒漠草原的固碳能力对年降水量和降水季节分布的变化较为敏感，其中，夏季降水是决定年净生态系统生产力的关键因素，夏季干旱胁迫可能影响年度碳平衡(中等信度)。{5.2.6}

未来土壤有机碳含量呈相对稳定或下降趋势，极端干旱可能显著减少草原生态系统净碳吸收和碳累积(中等信度)。未来温度升高可增加土壤微生物分解速率，降低土壤有机碳含量；高排放情景下土壤有机碳含量较中等排放情景明显下降，下降幅度可达 8.1 克/平方米。未来极端干旱事件将对干旱、半干旱区草原植物群落的结构产生显著影响，同时显著减少草原生态系统的净碳吸收，降低草原生态系统的碳累积(中等信度)。{5.3.3，5.3.4，图 SPM.9}

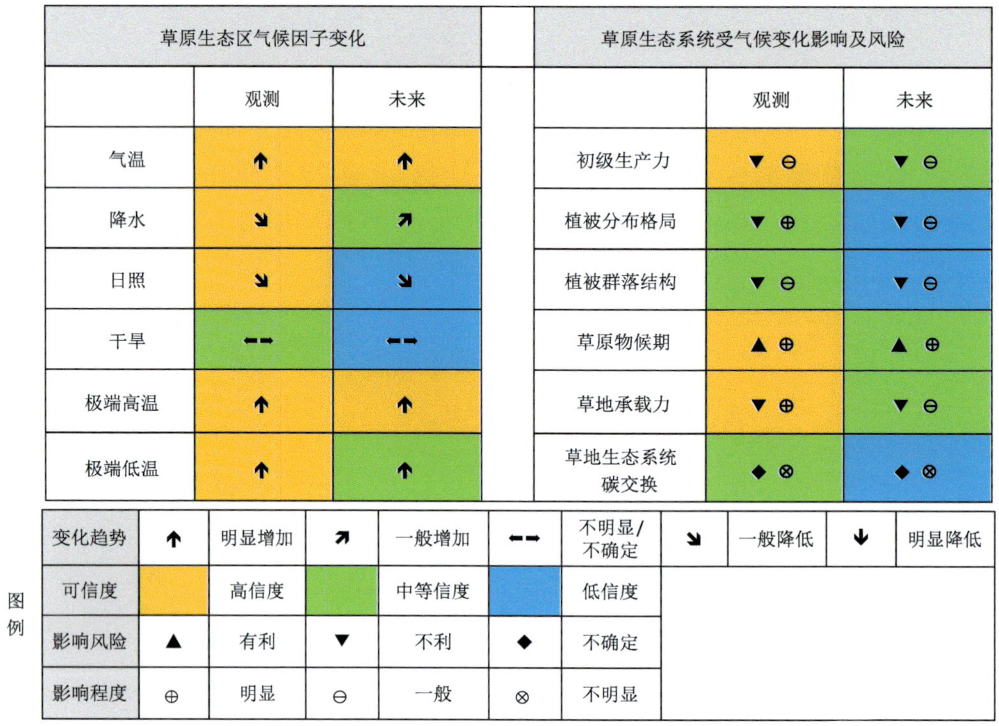

图 SPM.9　气候变化对华北草原生态影响综合示意图

5.2　应对策略和措施选择

科学实施草原生态修复。（1）推动“因气制宜”生态修复，有效缩短退化草地恢复时间；（2）强化适合华北草原区气候特点的牧草新品种培育技术研发，提高草原生态质量；（3）探索极端不利气候年景的放牧、轮牧和禁牧方式，科学平衡畜草关系。

充分评估和挖掘气候资源潜力。（1）加强草原气候资源精细监测与预估，分阶段评估不同草原区气候资源承载力；（2）科学有效实施人工增雨（雪）作业，提高风光水等气候资源利用率；（3）探索和推广草原生态气候资源利用技术，开发基于区域气候资源配置及气候波动的高效人工草地建植技术。

探索草原适应气候变化新举措。（1）制定草原区建设项目负面清单和准入机制，将草原气候变化敏感区纳入生态保护红线；（2）将韧性城市理念用于草原生态区保护与修复，有效提高草地适应气候变化的弹性；（3）构建天地空一体化草原生态气候监测、预警与应急体系；（4）加强气候灾害防御及应对气候变化科普，开展和推广生态补偿激励和气象指数保险试点。

6 气候变化对城市运行及建筑能耗的影响

华北区域为我国气候变化脆弱区，加之我国三大城市群之一的京津冀城市群也位于该区域，气候变化及其引起的极端天气气候事件会给用电、用水和城市交通等带来一定压力，评估气候变化对城市运行的影响对提高城市防灾减灾能力和增强城市安全防控水平具有重要作用。同时，华北地区位于严寒和寒冷的建筑气候区，冬季寒冷、夏季炎热，造成冬季供热、夏季制冷耗能巨大，建筑节能当前已成为节能减排和应对气候变化工作的一个重点领域，且与总体减排目标的实现息息相关。

6.1 影响和风险

气候变化对用电的影响存在季节差异（高信度），气温升高对城市人均生活用水量增加有正贡献（中等信度），高温和极端降水对夏季交通的不利影响增加（高信度）。{6.2}

极端高温天气发生频率增加，对短时间的用电安全带来一定考验（高信度）。气候变化并非影响电力负荷年际变动的主要因素，其主因是社会经济发展，但在年际尺度上，社会经济发展是影响电力负荷变动的主要因素，在年内变化中，气温变化与电力负荷之间有很强相关性，同时湿度的影响也不容忽视。受冬季多实行集中供暖以及用能方式以天然气和煤为主等因素影响，华北城市如石家庄冬半年用电负荷对气温变化的敏感性小于夏半年，北京电力负荷与平均气温呈“U”形结构，当气温高于 20 ℃时，电力负荷随着气温升高而逐渐增加，夏季气象因子中的最低气温升高造成电力负荷增加，夏季 1 ℃效应量随着日最低温度的升高明显增加，冬季 1 ℃效应量则随着平均气温升高逐渐下降（高信度）。未来随着高温热浪频率增加，夏季超负荷用电将可能时有发生，会给电力生产和运营调配带来较大压力和困难（中等信度）。{6.2.2}

极端高温和干旱风险增大会影响华北当地和外来水资源供应的稳定性，城市生活用水量对气温变化的响应较为敏感（中等信度）。城市生活用水量随着人口规模的增加而上升，人均生活用水量与气温变化较为密切，考虑社会经济发展和气候变化共同影响，1981—2017 年平均气温每升高 1 ℃，北京城市人均日生活用水量增加 17.38 升，天津城市人均日生活用水量增加 8.89 升。未来气温升高会增加城市生活用水量，极端高温和区域性干旱事件的增多可能会使日生活用水量超过日供水负荷，同时还会影响外来水源的稳定，对城市生活用水安全构成威胁（中等信度）。{6.2.3}

气候变化对夏季交通的不利影响有所增强，而对冬季交通影响总体有利（高信度）。气温、降水和气候舒适度影响车辆发动机部件运行状态和交通事故发生概率，华北区域主要城市日最低气温在－25～－10 ℃的日数明显减少，冬季冷不舒适日数呈下降趋势，气候变暖对冬季车辆性能和城市交通的影响总体有益。夏季高温日数增加，当气温达到 35 ℃以上时，地表温度过高将导致沥青路面变软或泛油，轮胎内气压也将增大，同时夏季热不舒适日数和城市强降水事件呈增多趋势，特别是受城市化和气候变化双重影响，21 世纪以来特大城市和大城市短时强降水和城市内涝出现频次明显增加，极大提高了交通事故的发生率，以上共同导致夏季交通事故风险显著增大（高信度）。未来气候变化对夏季交通的不利影响极有可能增强，特别是由于暴露度增加，将使得致命性交通事故上升（中等信度）。{6.2.1，图 SPM.10}

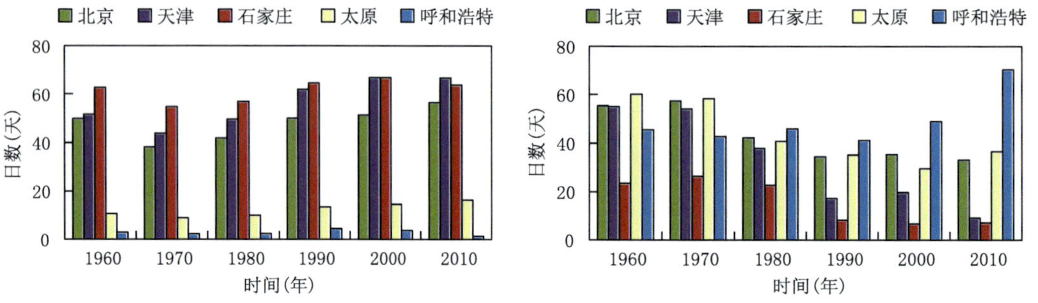

图 SPM.10 华北区域代表城市不同年代热不舒适（左）和冷不舒适（右）日数

华北城市建筑能耗和节能设计气象参数受气候变化影响明显，建筑供热能耗显著下降，节能设计气象参数值则有所上升（高信度）。{6.3，图 SPM.11}

气候变化影响下，华北城市建筑供热能耗有所下降，而不同城市制冷能耗的变化趋势有所差异（高信度）；未来气候变化将导致建筑供热能耗继续下降，而制冷能耗则会有所上升（中等信度）。受气候变化影响，华北区域建筑供热能耗显著下降，纬度较高的呼和浩特降幅较大（0.13（千瓦时/平方米）/10 年），纬度偏低的石家庄降幅较小（0.05（千瓦时/平方米）/10 年），平均气温每升高 1 ℃，北京、天津、石家庄、太原和呼和浩特办公建筑供热能耗分别降低约 0.18、0.20、0.19、0.16 和 0.24 千瓦时/平方米。夏季制冷能耗除受气温变化影响外，太阳辐射和相对湿度对其也有明显作用，1961—2017 年，呼和浩特制冷能耗增加，北京、石家庄、天津和太原年制冷能耗变化相对不明显（高信度）。未来随着气候变暖，建筑供热能耗将呈下降趋势，而制冷能耗则会有所上升，综合供热和制冷能耗变化，北京、天津和石家庄的城市建筑总能耗将显著上升，太原微弱上升，而呼和浩特则可能微弱下降（中等信度）。{6.3.1，6.3.2}

华北区域供暖室外设计温度、冬季空调室外设计温度和夏季空调室外设计温度有所上升，造成冬季空调和供暖设计负荷降低，夏季空调设计负荷增加（高信度）。气象参数中供暖室外计算参数及冬、夏季空调室外计算温度发生明显变化，华北区域代表城市供暖室外设计温度 1961—2017 年显著升高，幅度为 0.65～1.13 ℃/10 年；冬季空调室外设计温度升幅为 0.26～0.82 ℃/10 年，夏季空调室外设计温度的升高趋势相对偏低，升幅集中在 0.27～0.44 ℃/10 年。1991—2017 年较 1961—1990 年，华北城市冬季空调室外设计温度升高导致其设计负荷降低，北京、天津、石家庄、太原和呼和浩特分别降低 1.8%、2.4%、3.7%、1.1%和 2.3%，夏季空调室外设计温度的升高使得其设计负荷在北京、天津、石家庄、太原和呼和浩特分别增加 1.8%、2.1%、1.6%、2.2%和 2.8%(高信度)。未来气候变化将进一步降低冬季空调和冬季供暖设计负荷，增加夏季空调设计负荷(中等信度)。{6.3.3}

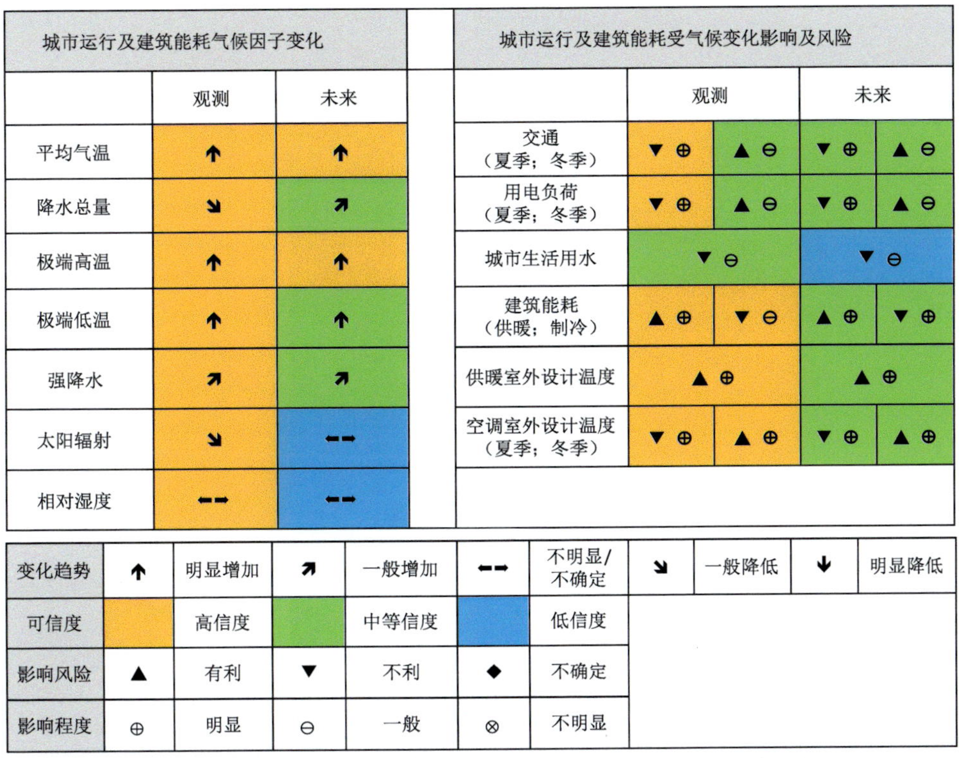

图 SPM.11　气候变化对华北城市运行及建筑能耗影响综合示意图

6.2　应对策略和措施选择

加强城市安全运行气候变化风险评估。(1)将气候变化风险纳入城市安全运行风险防控，加强实施督查和效果评估；(2)建立并逐渐完善气候变化影响城市安全运行风险的监测、预报、预警、预估、预防机制和工作流程；(3)大型基础设施的规划、选址、设计、建设和运行，需充分考虑极端气候事件出现概率和风险，确保足够的适应弹性。

实施适应气候变化的节能减排。(1)针对新增建筑和既有建筑节能改造，实施气候变化对建筑节能设计气象参数和设计标准的影响评估，并开展应用示范；(2)建筑节能设计因地、因时制宜，及时修订和更新符合当前气候环境的节能设计气象参数；(3)降低供热系统设计容量，利用供暖节能减排技术科学合理应对气候变化。

强化协调合作和中长期规划，提高气候变化适应能力。（1）提前谋划，将气候变化应对融入城市运行和节能减排“十四五”等相关规划；（2）加强交通、电力、供水、供暖等行业与气象及气候变化应对部门的常态化合作，强化适应气候变化能力。

附录

重要概念

气候变化：气候系统状态在数十年或百年甚至更长时间尺度上的变化，而且这种变化可以通过其特征的平均值和/或变率的变化予以识别。

气候变化评估：对特定地区在某段时期气候状态的改变及其自然和人为原因进行辨识、分析和评价的过程。

气候变化预估：根据一些假设条件对未来的气候演化趋势及其可能性的判断，特指依据不同的温室气体和气溶胶排放或大气浓度的可能情景，利用气候模式对未来十几到上百年的气候变化趋势的模拟和分析。

距平：气候要素值与气候平均态之间的偏差，高于平均为正距平，低于平均为负距平。

极端天气气候事件：天气或气候变量值高于(或低于)该变量观测值区间的上限(或下限)端附近的某一阈值时的事件，其发生概率一般小于10%。

极端降水：当某降水指标不低于其对应的阈值时，则定义为一次极端降水事件。在本摘要中，特指日降水量发生概率小于5%的强降水事件。

华北雨季：受东亚夏季风向北推进影响，每年7月中下旬至8月上中旬华北地区降水最集中的时期。

流凌期：冰在水面或水体中随水体流动称为流凌，分为冬季结冰流凌和开春解冻流凌，本摘要指的是封冻前的结冰流凌，流凌出现的时间称为流凌期。

城市热岛：与周边乡村地区相比某个城市的相对热度，其与径流变化、热保持效应、地面反照率变化等相关。

大气环境容量：在一定的环境标准下，某一环境单元大气所能承纳的污染物的最大允许量。

灾害风险：致灾性事件的发生概率及其可能的不利结果。

净初级生产力(NPP)：是指单位时间和单位面积上绿色植物通过光合作用所积累的有机干物质总量，是总初级生产力中减去自养呼吸消耗之后的剩余部分。

物候期：动物、植物随季节变化开始出现某种生命活动现象的日期。

致　谢

感谢中国气象局气候变化专项（CCSF201818、CCSF201914、CCSF202009）的支持；感谢中国气象局科技与气候变化司、北京市气象局、天津市气象局、河北省气象局、山西省气象局、内蒙古自治区气象局和气候变化应对等部门的大力支持；感谢评审专家，他们拨冗审阅了全文，并提出了很多中肯的意见和建议；感谢气象出版社的编辑，他们的耐心和热心，认真负责的专业精神是《决策者摘要》能高质量出版的保证。